LA

LÉGISLATION MARITIME

ATTAQUÉE

AU NOM DE L'AQUICULTURE

PAR

J.-B.-A. RIMBAUD

ANCIEN OFFICIER DU COMMISSARIAT DE LA MARINE

TOULON
TYPOGRAPHIE ET LITHOGRAPHIE DE Ve E. AUREL
Rue de l'Arsenal, 12

1867

LA LÉGISLATION MARITIME

ATTAQUÉE

AU NOM DE L'AQUICULTURE

LA

LÉGISLATION MARITIME

ATTAQUÉE

AU NOM DE L'AQUICULTURE

PAR

J.-B.-A. RIMBAUD

ANCIEN OFFICIER DU COMMISSARIAT DE LA MARINE

Publié dans le Journal le Toulonnais les 28 septembre,
1, 3, 5, 8, 10, 12, 15 & 19 octobre 1867.

TOULON

TYPOGRAPHIE ET LITHOGRAPHIE DE Ve E. AUREL

Rue de l'Arsenal, 13

1867

A SON EXCELLENCE

L'AMIRAL RIGAULT DE GENOUILLY,

Ministre de la Marine et des Colonies.

MONSIEUR LE MINISTRE,

L'écrit que j'ai l'honneur de soumettre à la haute appréciation de Votre Excellence, en la priant de daigner en agréer la dédicace, est la continuation, ou plutôt le dernier chapitre, d'un travail dont votre prédécesseur a bien voulu autoriser l'impression, en 1864, et qui est ainsi divisé :

Des causes du dépeuplement de nos eaux littorales et des moyens pratiques d'y remédier ; — De la nécessité de ménager les produits comestibles de la cmr, et du cantonnement naturel de la reproduction du poisson; — Etude critique du rapport de l'enquête anglaise, sur la pêche côtière; — La vérité sur l'Aquiculture marine; — La législation maritime attaquée au nom de cette prétendue science.

En publiant la dernière partie de mon ouvrage sous la forme de réponse à une autre publication qui s'attaque insidieusement aux plus sérieux intérêts de la marine commerciale, et à la constitution même des équipages de la Flotte, je crois avoir défendu le précieux héritage du passé et accompli un acte de patriotisme.

Je suis, avec le plus profond respect et le plus profond dévouement,

de Votre Excellence,

Le très obéissant serviteur,

RIMBAUD.

LA LÉGISLATION MARITIME

ATTAQUÉE

AU NOM DE L'AQUICULTURE

I

M. Esprit Privat n'a pas accepté, paraît-il, la discussion à laquelle nous l'avions convié dans le but de constater contradictoirement l'utilité ou l'inutilité, au point de vue de l'alimentation publique, d'une exploitation des produits de la mer par les procédés scientifiques ; mais, à défaut de la polémique de M. Esprit Privat, il nous arrive, de plusieurs côtés à la fois, un document important et sérieux, dû à la plume de M. le président de l'Exposition d'Arcachon et qui, déjà revêtu de l'adhésion de diverses Chambres de Commerce du littoral et actuellement présenté aux Conseils généraux de nos départements côtiers, appelle une réforme radicale de la législation maritime, en vue de l'établissement, dans le domaine des mers, d'une pleine liberté commerciale et industrielle.

C'est par l'examen de ce document, livré à une grande publicité et auquel plusieurs organes de la presse ont ajouté des commentaires admiratifs, que nous nous proposons de continuer la discussion éludée par M. Esprit Privat. (1) Cette fois, peut-être, aurons-nous à qui parler.

Désireux de voir abréger les délais auxquels, dans l'état actuel des choses, sont soumises les autorisations d'établir sur le domaine public, soit des réservoirs à poissons, soit des parcs à coquillages, M. Lacoin, auteur de l'écrit en question, demande qu'il soit, une fois pour toutes, dressé d'un commun accord, entre les ministères de la marine, des travaux publics et des finances, aujourd'hui consultés à chaque nouvelle pétition, une carte de toutes les parties des rivages qui,

(1) Voir le *Toulonnais* des 14, 17, 19 et 21 septembre 1867.

sans préjudice pour la navigation ou la défense des côtes, seraient susceptibles d'être aliénées ou amodiées.

La part de l'aquiculture étant ainsi réglée et déterminée, il n'y aurait plus, c'est sous-entendu, qu'à procéder à une facile et prompte concession de lots aux plus offrants, si tant est qu'il s'agisse réellement d'aliéner ou d'affermer le domaine public.

Sans doute, l'industrie que l'on est si pressé de mettre en possession d'un vaste champ d'activité, en dénaturant la propriété commune, jusqu'ici restée inaliénable, a au moins donné des gages certains de son utilité et joue un rôle important dans l'économie sociale ? Pas le moins du monde ; cette industrie se trouve encore à l'état de prétention. C'est M. Lacoin lui-même qui l'affirme, après nous, et qui le soutient positivement dans sa lettre aux Conseils généraux, où il s'exprime ainsi : *l'aquiculture, dont les succès en certains endroits sont incontestables, a généralement échoué.*

Comment, l'aquiculture a généralement échoué et on voudrait qu'elle fût traitée comme si elle avait pleinement réussi ! Nous ne comprenons pas, vraiment, nous ne comprenons point qu'avant d'avoir fait ses preuves de capacité, cette industrie naissante et encore dans les ombres du doute, vienne demander à s'étendre par une fâcheuse transformation de la propriété sociale en une multitude de domaines privés.

Ce serait là, évidemment, une mesure d'une extrême gravité sans motif plausible, une mesure purement fiscale que les circonstances ne justifieraient point, un de ces moyens de battre monnaie que prennent quelquefois les gouvernements en détresse, mais dont le gouvernement de l'Empereur ne saurait jamais faire usage.

Mais, dit le rapport aux Conseils généraux, de toutes les causes de l'échec de l'aquiculture, la plus importante, c'est que les ouvriers chargés par privilége spécial des travaux de conservation et de reproduction des produits du large dans les établissements du rivage, sont les pêcheurs mêmes auxquels les propriétaires ou concessionnaires de ces établissements sont obligés d'acheter les coquillages ou les poissons dont sont garnis les réservoirs ou les parcs. Non seulement, en effet, le métier du pêcheur n'est pas le même que celui de l'aquiculteur, et les aptitudes nécessaires pour exercer le premier de ces métiers ne doivent pas être et ne sont pas celles que réclame la pratique du second, mais ce sont là deux métiers qui bien que se prêtant un mutuel appui en réalité, semblent se faire concurrence et pouvoir, dans une certaine mesure, se supplanter réciproquement. Réunir ces deux métiers entre les mains des mêmes hommes, c'est mettre le devoir de ces hommes, comme ouvriers ou gardiens de parcs ou réservoirs, en contradiction apparente avec leur intérêt comme pêcheurs.

Qu'est-ce que cela veut dire et, par hasard, viendrait-il à la pensée de personne de soutenir qu'une maison ne doit pas être solidement bâtie parce qu'elle n'a pas été construite par des boulangers ?

Nous sommes convaincu, nous, que les pêcheurs sont les véritables ouvriers des établissements aquicoles et qu'ils y apportent, avec des connaissances techniques incontestables, une aptitude qui, ne s'acquérant que par l'habitude de la mer, ne saurait se trouver, au même degré, chez des hommes n'ayant pas cette habitude. Par conséquent, il n'y a pas lieu d'attribuer les insuccès de l'aquiculture à l'inexpérience des ouvriers qu'elle emploie obligatoirement.

On n'est pas fondé, non plus, à exciper contre ceux-ci d'un incroyable motif de suspicion, puisé dans ce que leur devoir d'agents des réservoirs ou des parcs serait incompatible avec leur intérêt de pêcheur. Ce serait, pour sûr, aller beaucoup trop loin, dans la voie de l'injustice, que de s'excuser de sa propre impuissance en alléguant la jalousie et l'improbité d'autrui.

La vérité est que l'aquiculture a échoué parce qu'elle n'est qu'une prétention anti-naturelle. Elle a échoué parce que, s'il est vrai que l'abondance et l'amélioration des fruits de la terre, dépendent de l'intelligence et de l'activité du travail humain, il n'en est pas de même des produits de la mer ; elle a échoué parce que la mer est un champ de moisson qui n'exige aucune culture préalable, et parce qu'il n'est rien de ce qui y vit, qui n'y germe, ne s'y développe et n'y parvienne à maturité par le seul fait de la nature, rien qui n'y ait été mis à une place inamoviblement marquée, rien qui se prête aux transformations et aux déplacements que subissent les animaux et les végétaux de la terre, rien, enfin, qui soit susceptible de perfectionnement par l'intervention de l'homme.

Et, néanmoins, comme si l'on n'était pas réellement sous le coup d'un échec fatalement amené par une tentative présomptueuse d'aller au-delà des secrets desseins de la Providence, on impute la cause de cet insuccès au régime législatif de la marine, et, avec le calme d'une conscience endormie dans le souriant espoir que l'on sera favorablement écouté, on s'adresse aux Chambres de Commerce, aux Conseils généraux et jusqu'à l'autorité souveraine, dans le but d'obtenir, outre le renversement d'obstacles imaginaires, l'aliénation ou l'amodiation, au profit d'une industrie impossible, d'une partie considérable du domaine public, dont on se servira, non pour multiplier la production comestible des eaux, mais pour la diminuer et la faire passer par des dépôts accapareurs, qui la livreront à la consommation après l'avoir notablement renchérie.

Oh ! nous le voyons bien, la concurrence existe entre le pêcheur et l'aquiculteur, mais si l'une de ces deux professions aspire à supplanter l'autre, ce n'est pas le pêcheur qu'il convient d'accuser de cette velléité ambitieuse.

II

Nous ne suivrons pas M. Lacoin dans ses attaques contre l'inscription maritime, considérée au point de vue de la gêne qu'elle fait subir à nos armements commerciaux, de la situation désavantageuse où elle les place en présence de la concurrence étrangère, et des restrictions qu'elle apporte à la liberté individuelle des marins en particulier et des français en général.

Ce n'est pas notre affaire de défendre cette institution séculaire, que de sérieux esprits ont pu représenter comme assujétissant les gens de mer à une charge intolérable, mais qui n'en a pas moins été respectée par la grande émancipation révolutionnaire et que nos plus illustres amiraux regardent encore, aujourd'hui, comme le seul moyen d'éviter que, la guerre survenant, la France ne se trouve, en face de l'ennemi, avec une marine à la turque, ayant des équipages recrutés au hasard de la conscription ou de l'enrôlement volontaire, non moins improductif de sujets capables que la conscription, ainsi que le témoigne l'avortement des nombreux essais qui ont eu lieu de l'enrôlement, depuis 1822.

Donc, sans nous arrêter à examiner si, de plus précieux intérêts, que ceux que l'on fait valoir, nous commandent de conserver l'inscription maritime, et s'il est vrai qu'il soit inutile que nous ayons cette institution parce que d'autres nations peuvent en établir de semblables chez elles et les opposer à celle de notre pays ; sans vérifier si l'inscription maritime fonctionne au détriment de son objet même, en éloignant les Français de la navigation, et si la chûte de ce régime, que l'on dit suranné, est une conséquence nécessaire de l'application de la liberté commerciale, nous ferons remarquer, en ce qui concerne l'aquiculture et la pêche, qu'il y a plus de verve et de talent d'exposition que de sérieuse réalité, au fond de l'argumentation du rapport dont nous nous occupons.

La liberté commerciale, dit l'auteur du rapport, appelle la liberté industrielle.

Cela est vrai pour l'industrie établie sur la propriété privée, mais cela ne peut être pour une industrie s'exerçant sur le domaine public, avec les fruits du domaine public et par la permission du pouvoir public préposé à l'administration de ce domaine.

Conséquemment, si le domaine des mers est une propriété sociale, indivise, régie et administrée pour tous, l'industrie qui s'exerce là doit être autorisée et réglementée, ainsi qu'il en est de la chasse, par exemple, dans la propriété domaniale sur la terre.

Un permis de chasse est délivré à quiconque le demande, en opérant au Trésor le versement d'une somme d'argent déterminée. Les personnes, qui reculent devant l'obligation de faire ce versement, n'obtiennent pas le permis et sont privées du droit de chasser sur la propriété publique et même dans la propriété privée qui n'est pas close. S'avise-t-on de se récrier contre cette restriction de la liberté individuelle et de la liberté industrielle, restriction motivée sur l'intérêt commun et qui va jusqu'à limiter le temps pendant lequel on chassera, et à régler la forme des engins dont on fera usage ?

L'autorisation de pêcher dans la mer ou de se livrer à la culture de ses produits, n'est refusée à personne, mais elle n'est accordée qu'à condition que le bénéficiaire de ce privilége, après une épreuve de deux années et s'il lui convient d'embrasser définitivement la profession de pêcheur ou d'aquiculteur, sera inscrit parmi les gens de mer et, par la suite, appelé à son tour, au service de la marine militaire, qui le dispensera du service de l'armée. Le privilégié est d'ailleurs, averti, au moment de son inscription, de l'engagement qu'il contracte et de la faculté qui lui est laissée de le résilier ultérieurement, excepté en temps de guerre, en renonçant à l'exercice de sa profession.

Qu'y a-t-il d'exorbitant et de dangereux dans cet autre sacrifice de la liberté individuelle, dans cette obligation à prendre ou à décliner, qui est imposée, dans l'intérêt général, aux privilégiés du domaine public maritime ?

D'une part, on allègue l'insuffisance de la compensation, eu égard à l'énormité de la charge, et on suppose un nombre toujours croissant de gens détournés des professions maritimes par la nécessité d'être pendant toute leur vie soumis à réquisition, d'où il résulte que la France manque de poisson, que la production de cette denrée alimentaire se trouve entravée et que les revenus de l'Etat sont arrêtés dans leur source même.

D'autre part, on affirme que ce n'est pas l'intérêt de la consommation publique, ni l'intérêt du Trésor public, mais que c'est l'intérêt de la flotte qui souffre surtout du régime de l'inscription maritime.

En traitant d'une matière si peu connue, en dehors de la marine, il est facile de donner libre cours à son imagination et d'inventer un état de choses où les effets se déduisent des causes sous les apparences de la réalité. C'est une affaire d'art et, nous l'avons déjà fait observer, l'art ne fait pas défaut à la plume de M. le président de l'exposition d'Arcachon ; mais au talent qui séduit l'esprit, nous essayons d'opposer la vérité qui convainct la raison.

Et, d'abord, nous dirons à M. Lacoin que le choix d'une profession n'est pas toujours inspiré par le goût de celui qui s'y livre ; qu'il ne dépend pas absolument de nous que nous soyions avocats ou médecins, commerçants ou rentiers ; que les gens qui se font pêcheurs n'obéissent point à une autre impulsion que celle qui entraîne d'autres hommes à embrasser des professions encore plus pénibles que le métier de la mer ; que si ceux-ci ne reculent pas devant une vocation qui doit les assujétir à une existence sans douceur, il n'est pas présumable que ce soit l'attrait d'une vie dure et laborieuse qui les attire, et que, enfin, ce qui fait les ouvriers du sol et les ouvriers de l'eau, c'est bien moins la force de nos inclinations et de nos antipathies que l'action des milieux où se déroulent les premiers pas de notre existence.

III

On demande aux classes aisées, aux classes riches, si elles n'auraient pas vu naguère et si elles ne verraient pas encore, aujourd'hui, dans les obligations imposées aux pêcheurs et aux marins, des raisons sérieuses de détourner leurs enfants d'embrasser le noble métier de la mer.

Les jeunes gens appartenant aux classes riches ne se font pas pêcheurs et cela se comprend, mais ils n'appréhendent point le service de la flotte; ils y vont, au contraire, volontairement, même en suivant le sentier des difficiles épreuves. Cela n'est pas douteux; les exemples abondent.

Il serait donc plus naturel d'interroger les pêcheurs et les marins, afin de savoir d'eux-mêmes comment ils ont été conduits à prendre cet état, alors qu'ils savaient à quoi les obligerait leur détermination.

Si cette question leur était adressée, sait-on ce qu'ils répondraient? Nous sommes marins parce-que nous n'avons pu faire autrement. C'est probablement la réponse que feraient aussi le mineur, le puisatier, le paysan et tant d'autres moins heureux dans leur profession que ne l'est le marin dans la sienne, le droit de réquisition dont on fait tant de bruit fût-il autre chose qu'une éventualité si fugitive qu'elle ne s'est pas produite une seule fois depuis l'expédition d'Alger, en 1830, à l'égard des hommes ayant acquis six années de service.

Ce qui détourne réellement les hommes des professions pénibles, c'est le bien-être, heureusement en progression, depuis quarante ans, dans l'empire français. C'est là qu'il faut voir la cause de la halte de l'inscription maritime sur un chiffre qui est, dit-on, à peu près ce qu'il était sous Louis XIV. Elle est là et non dans l'épouvantail si fort agité aux yeux des gens de mer, mais qui, heureusement pour eux-mêmes, ne les émeut pas beaucoup, à en juger par le nombre excessivement réduit des renonciataires et par l'empressement avec lequel les inscrits tombés au sort font valoir leur droit à l'exemption du service de l'armée.

Ne dites pas qu'attachés à la mer par l'habitude

du métier et la dure nécessité de gagner leur vie, leur dévouement aidant, ils ont accepté, dans une certaine mesure, la position qui leur est faite. Demandez-leur plutôt s'ils ne se sentent pas retenus dans cette position par les avantages que leur assure l'institution tutélaire que vous voulez détruire, non dans l'intérêt de la liberté individuelle, mais uniquement pour établir la liberté des transactions entre les armateurs et les équipages. Demandez-leur s'ils ne pressentent pas que la chûte de l'inscription maritime, représentée comme un monopole se partageant non plus entre cinquante mille français, mais par ces cinquante mille français avec tous les habitants de la terre, ne pourra amener inévitablement qu'un autre monopole, celui de tous les marins étrangers substitués aux marins français dans nos armements commerciaux. Demandez-leur enfin s'ils ne sont pas convaincus qu'en brisant le lien qui unit la marine du commerce à celle de l'Etat, vous les priveriez d'une protection toujours pleine de sollicitude pour eux et vous les soustrairiez à la bienfaisante influence que l'accroissement du bien-être des équipages de la flotte ne manque pas d'exercer sur le bien-être des équipages des bâtiments marchands.

C'est bien sûr, le renversement de l'inscription maritime ne serait pas une mesure profitable aux inscrits et serait un irréparable malheur en ce qui touche au recrutement du personnel de la flotte; mais, nous le répétons, ceci ne nous regarde point, et, laissant de côté la question de savoir s'il existe ou non un moyen de nous passer, à l'avenir, de la vieille institution sur laquelle repose la force de notre marine militaire, nous revenons à notre sujet.

La France manque de poisson, et cependant au dire de M. Lacoin, cet aliment se trouve si abondamment répandu dans la nature, que la mer, dans les bons endroits de pêche, produit, *par semaine*, autant de substances alimentaires que la terre en fournit *par année*, sur une même étendue, dans les champs les mieux cultivés.

A coup sûr, cette assertion est fort hasardée, car la quantité de poisson prise dans un bon endroit de pêche, représente, non la production de cet endroit, mais une production convergente, venue le plus souvent de très loin et qui, si elle abonde sur un point fait défaut sur vingt autres. C'est le cas dans la pêche du merlan, du hareng, du maquereau, de la sardine et généralement de tous les poissons migrateurs. Par conséquent, pour établir une comparaison, même approximative, entre la production des eaux et celle du sol, il faudrait posséder des données statistiques qui certainement n'existent pas, sur le rendement de toute la superficie des fonds de pêche

L'exagération est encore évidente dans cette autre assertion que « partout, depuis Dunkerque « jusqu'à Bayonne et de Port-Vendres à Nice, les « bras manquent à la pêche au moins autant que « les capitaux, eu égard à cette immense fécon- « dité de la mer qu'on peut bien révoquer en « doute, mais qui n'en est pas moins réelle et à « laquelle il suffit de croire pour en recueillir les « bienfaits. »

Non, l'illusion n'est pas la réalité et tous les artifices du langage ne sauraient faire qu'elle ne soit pas l'illusion. Affirmer que l'abondance règne et que nous souffrons volontairement de la disette, c'est se livrer à une illusion au moins bien singulière, lorsqu'il est avéré que les trois quarts de nos pêcheurs trouvent à peine leur pain de chaque jour par le périlleux labeur de leur dure profession.

IV

Nous l'avons fait remarquer ailleurs, il n'y a pas longtemps, en règle générale, là où l'œuvre de la création n'a point subi d'affaiblissement, que ce soit sous les eaux ou sur la terre, il y a toujours une abondance de produits qui se révèle par la facilité de les saisir ; là, au contraire, où l'action qui détruit s'accomplit en plus grande proportion que l'action qui renouvelle, il survient nécessairement une diminution de produits se faisant apercevoir par la difficulté de s'en emparer. Pour être pénétré de cette vérité, il suffit de savoir que nous devons la conservation du peu de gibier qui reste encore en France, aux mesures de restriction auxquelles la chasse est soumise.

Mais si axiomale qu'elle soit, la vérité que nous invoquons ici n'est pas admissible, dit-on, en ce qui regarde la mer : l'immensité du domaine et l'extrême profusion des produits ne laissent point croire qu'il y ait là une vitalité périssable. Ce qui fait défaut, ce ne sont pas les récoltes, mais les bras pour les faire ; ce qu'il faut pour que la France ne manque pas de poisson, c'est la suppression de l'inscription maritime, cette insuffisante privilégiée de la propriété domaniale des mers ; c'est la liberté de pêcher accordée à tous sans condition. Et, probablement quand nous jouirons tous de cette liberté et que les privilégiés de l'inscription maritime auront fait place aux fermiers du domaine public, alors les eaux littorales, de Nice à Port-Vendres et de Bayonne à Dunkerque, deviendront plus poissonneuses qu'elles ne le sont aujourd'hui, car il y a fort à rabattre de l'excès de richesse qui leur est attribué par le rapport de M. Lacoin.

Sans contredit, la pêche est facile et fructueuse dans les eaux fertiles, et moins il y a de bras à la pratiquer, plus doit être considérable la récolte de chaque pêcheur. Comment se fait-il donc que le petit nombre de marins adonnés à cette industrie, sur nos côtes de la Méditerranée, de Port-Vendres à Nice, ne parviennent qu'à vivre, au jour le jour, des fruits d'un travail cependant exercé au sein « d'une fécondité à laquelle il suffit de croire pour en recueillir les bienfaits ? »

C'est parce que, quoi qu'on en dise, les eaux de ces côtes sont dépeuplées et que la capture du poisson y est d'autant plus difficile qu'il y est moins aggloméré. Augmentez le nombre des bras et des bateaux occupés à la pêche, dans ces eaux devenues inféconde, vous multiplierez le travail, mais vous diminuerez la rémunération de chaque travailleur; vous ferez, peut-être, pour quelques jours, affluer plus de poisson vers le marché, mais vous consommerez la ruine des fonds de pêche.

De deux choses l'une, ou il est vrai que la profusion existe, et, si elle existe, elle doit se manifester par l'abondance dans les récoltes, ou il est vrai que la profusion n'est qu'un songe et, puisqu'elle n'est pas la réalité, cela doit apparaître à l'ingratitude du travail de la moisson. Eh bien, pour avoir la solution de l'un des termes de ce dilemme, il n'y a qu'à s'arrêter sur le rivage, dans la baie de Marseille, dans la baie de Toulon et tout le long de la côte, de Nice à Port-Vendres, mais surtout dans le voisinage des grands centres de population, il n'y a qu'à s'arrêter là, au moment où le pêcheur rentre avec le fruit de sa peine. Arrêtez-vous et voyez ce qu'il y a de poisson dans sa barque.

Pour soutenir que la mer est un champ de moisson sans limites, il faut s'être laissé influencer par le rapport de l'enquête anglaise, ou par celui de l'enquête belge, documents dont les conclusions jettent très peu de jour sur la question, au moins en ce qui touche aux fonds de pêche éloignés des parages véritablement poissonneux où nous pêchons avec les anglais, les belges et les hollandais. Nous préférons, quant à nous, nous en rapporter à ce qui se voit qu'à ce qui se dit.

Possédant une étendue de côtes qui n'a pas moins de mille lieues marines et entourés d'une mer sans profondeur, parsemée de bancs dont la superficie égale au moins celle du Royaume-Uni, et où la fertilité est entretenue par les courants migrateurs venant de la mer du Nord, les anglais disent que la quantité de poisson pêchée sur les côtes britanniques augmente d'année en année, qu'elle peut s'accroître encore dans une proportion dont il est impossible de fixer les termes et que la pêche ne souffre aucun préjudice de la destruction du fretin par les pratiques prétendues abusives. Ils disent cela, mais après l'avoir dit, ils proposent d'interdire, sous sanction pénale, le débarquement du petit poisson, mesure de la plus extrême gravité, équivalant à elle seule à la plus minutieuse réglementation.

Les belges, partageant, dans une certaine mesure, la situation avantageuse des anglais, prétendent, avec eux, que la main de l'homme ne peut exercer qu'une très faible influence sur la fertilité ou la stérilité des fonds maritimes, et disent que si leur fécondité semble parfois éprouver de l'affaiblissement, c'est parce que le poisson de mer, comme les fruits de la terre, a ses années ou ses périodes de disette et d'abondance.

Voilà ce qui se dit.

Ce qui se voit, c'est que la France manque de poisson, que le marché de Paris en est seul approvisionné et qu'il l'est par le côté du littoral français en communication avec les eaux dont la fécondité est réputée inépuisable.

Ce qui se voit, c'est que si un huitième de nos côtes ne laisse pas d'offrir à nos pêcheurs, un vaste champ de fructueuse activité, les autres sept huitièmes n'ont qu'une faible participation à la richesse ichtyologique s'épanchant de la mer du Nord vers nos rivages de l'Ouest et aux alentours des îles britanniques.

Ce qui se voit, c'est que la pêche n'est plus qu'une industrie qui se meurt, sur nos côtes de la Méditerranée, où l'aliment lui manque à ce point, que plusieurs espèces de poissons, qui y étaient autrefois communes, en ont totalement disparu.

Ce qui se voit et ne saurait faire doute, c'est que la disparition ou l'éloignement, d'une contrée, de certaines races d'animaux, n'a point d'autre cause que le fait même de l'homme.

Ce qui se voit, non dans des livres écrits d'après d'autres livres, mais par une étude expérimentale de la nature, c'est que les biens de la mer ne sont pas répandus comme au hasard, dans des gouffres où les bras ne les atteindraient pas; que, loin d'être un champ de moissons sans bornes et se récoltant dans la mesure des efforts qui sont faits pour les obtenir, l'Océan, ressemble à ces contrées de l'Afrique où la vie, toute concentrée sur les rives d'un fleuve, n'a, aux alentours, que de faibles manifestations; que les produits de la mer convergent tous vers les rivages et, enfin, que là, comme partout où la main du Créateur a laissé tomber un principe vivifiant, nous devons nous garder de croire que l'abus soit impuissant à troubler et arrêter l'expansion de ce principe.

Ce qui se voit, enfin, c'est que, s'il est nécessaire de prendre des mesures pour empêcher la destruction du gibier, il l'est encore plus, assurément, de protéger la conservation du poisson et de toutes les substances alimentaires que la mer nous fournit.

C'est, du reste, l'avis de M. le président de l'exposition d'Arcachon et nous en sommes vraiment étonné; car, puisqu'il est convaincu de l'idée qu'il nous suffit de croire à l'immense fécondité des mers, pour que nous devenions par cela seul les bénéficiaires des libéralités de la Providence, il devrait, ce nous semble, moins souhaiter le succès de l'aquiculture que le développement de la pêche, industrie naturelle des eaux.

En vérité, si la mer est aussi riche qu'on le prétend, si son extrême fertilité est réellement inaltérable et s'il n'y a qu'à puiser toujours et sans relâche, dans les réservoirs où s'amassent incessamment les incomparables prodigalités de la création neptunienne, nous ne concevons point la préoccupation qui entraîne M. Lacoin à désirer la chûte de l'inscription maritime et l'amodiation de la propriété domaniale des rivages, pour assurer la prospérité de fabriques certainement inutiles.

V.

Lorsque la précieuse institution de Colbert ou d'un autre — cela importe peu — aura disparu, quand le droit de pêcher en mer sera acquis à tous les français et qu'il leur aura été accordé la faculté d'obtenir le fermage d'un espace d'eau, pour s'y livrer à la culture des produits marins, ou pour ajouter un agrément à leurs propriétés riveraines, cela fera-t-il que la consommation de Paris, en poissons, s'élève de 16 à 48 millions de kilogrammes, juste la moitié de la consommation de Londres, et que les revenus de l'Etat se ressentent du développement de l'ichtyophagie en France?

Nous prévoyons bien que le Trésor trouvera son compte à l'amodiation parcellaire du domaine public maritime, mais, quant à l'accroissement de consommation que l'on nous fait entrevoir, il ne peut être qu'une vaine espérance, à moins que l'aquiculture, cessant d'être une prétention pour devenir un fait, comme l'agriculture, n'arrive à imiter, jusque dans leur prodigieuse profusion, les merveilles de l'œuvre naturelle.

L'aquiculture pourra-t-elle cela, même lorsqu'elle n'aura plus à compter avec l'inscription maritime? Ici encore, il nous faut distinguer entre ce qui se dit et ce qui se voit.

Ce qui se dit, nous en avons si souvent signalé l'invraisemblance, que nous pourrions, peut-être, nous dispenser d'y revenir; mais la circonstance est grave; nous nous trouvons en présence d'un discoureur habile et disert, ne nous épargnons point la peine.

Nonobstant l'insuccès franchement avoué, dans la lettre de M. le président de l'exposition d'Arcachon, on ne cesse de dire que l'aquiculture est, comme l'agriculture, une science expérimentale appuyant ses préceptes de nombreux exemples de réussite; que les travaux méthodiques des aquiculteurs agrandissent la France par de pacifiques conquêtes tendant à réunir les domaines sous les eaux aux domaines sur la terre; que la science, venant au secours de l'industrie, lui donnera les moyens de reproduire la semence du poisson et de repeupler les fonds épuisés par les abus de la pêche, et, enfin, que le temps n'est pas éloigné où la culture des animaux aquatiques, sera aussi répandue sur le littoral que le sont dans les campagnes les procédés d'éducation appliqués à la poule et au lapin.

Précédemment, on avait dit :

L'industrie humaine, guidée par l'expérience des siècles et par les nouvelles découvertes de la science, pourra organiser, sur les rivages, de véritables exploitations de la mer, où les fruits de cet inépuisable domaine, attirés, mûris et multipliés par ses soins, seront récoltés avec autant de profit et moins de labeur que ceux de la terre.

On avait dit encore :

L'industrie soumettra à son empire la nature organisée, et, par une souveraine application des lois de la vie, fera, de nos rivages, un champ de production capable d'approvisionner tous les marchés de l'Europe.

Telles sont les philanthropiques espérances des aquiculteurs ; c'est là ce qu'ils disent sous l'impulsion de leur patriotisme et de leur amour du bien public.

Ce qui se voit, c'est que les animaux de basse-cour multiplient sur place, tandis que le poisson captif, *de quelque espèce que ce soit,* ne se reproduit pas; ce qui prouve qu'il n'y a rien dans la mer qui soit fait pour la domestication.

Ce qui se voit, c'est la propagation de la moule, ce mollusque peu apprécié et que nous continuons à surnommer le chiendent de la mer, parce qu'il foisonne dans toutes les eaux et parce que sa semence se fixe à tout, même aux bois flottants, même au cuivre de la carène des vaisseaux.

Ce qui se voit, c'est l'inanité des efforts tentés pour répandre l'huître, ce coquillage si recherché et, cependant, banni des repas de l'artisan, depuis qu'il existe une ostréiculture imitée des Romains.

Ce qui se voit, c'est que la pisciculture, branche la plus importante de l'art de cultiver les eaux, n'est parvenue qu'à multiplier une pratique déjà bien ancienne, celle d'enfermer et de retenir certaines espèces de poissons dans une infertile captivité.

Nous l'assurons en toute conscience, on ne voit rien de plus, si ce n'est quelques faits isolés de reproduction de l'huître, sur des parties du rivage où la nature a été plutôt facilitée qu'imitée ou violentée et dominée.

Franchement, sont-ce là des résultats qui autorisent la prétention de se faire concéder une pleine liberté d'action sur le domaine public, et de substituer au privilége réservé aux marins, le monopole de quelques milliers de fermiers aquicoles, emmagasinant les récoltes de la mer pour leur faire subir une sorte de sophistication et les livrer ensuite au commerce, surchargées de frais de revient ?

Evidemment, ce n'est pas la peine de déposséder les privilégiés actuels du domaine maritime, ce n'est pas la peine de soustraire à la liberté générale des rivages, des étendues de sol sous-marin qui n'auraient qu'une destination purement commerciale, ainsi que les concessions de cette sorte déjà accordées en vue d'expériences qui n'ont pas réussi.

D'un autre côté, s'il est conforme au principe aujourd'hui admis, en matière de liberté industrielle, que les consommateurs n'aient d'autre protecteur de leurs intérêts, que la concurrence s'établissant entre les industries de même nature, cela ne peut s'entendre, nous l'avons déjà dit, que de l'industrie qui puise en elle-même, ses éléments constitutifs, de l'industrie entée sur la propriété particulière et qui s'alimente de ses propres ressources.

En raison et en droit social, ce principe ne saurait être invoqué par une industrie qui, ne se possédant pas, ne peut s'exercer que par une exploitation de la chose commune. L'effet de l'amodiation étant de mettre les concessionnaires en possession tout à la fois, du moyen et de la faculté exclusifs d'exploiter les produits de la mer, certainement inaliénables de leur nature, il s'ensuit incontestablement un monopole portant atteinte au droit général.

Soyons conséquent avec nous-mêmes. Nous ne voulons plus d'un monopole exercé en compensation d'une charge publique, et nous irions établir un privilége s'exerçant sans compensation pour tous ceux qui en souffriraient !

Monopole pour monopole, le premier est préférable au second. Il y a des raisons de conserver celui-là ; il n'y en aurait aucune de créer celui-ci.

C'est M. le président de l'exposition d'Arcachon qui le déclare lui-même, en nous apprenant que l'aquiculture a généralement échoué et en affirmant que nos eaux littorales renferment partout une prodigue libéralité de richesse « que l'on peut bien révoquer en doute mais à laquelle il suffit de croire pour en recueillir les bienfaits. »

Terminant ce chapitre par une comparaison,

dont nous avons déjà fait usage dans un écrit récent, pour faire ressortir l'insignifiance de certain procédé de l'aquiculture, nous dirons que si le froment poussait de lui-même, par toute la surface de la terre, il serait peu sensé de nous mettre à cultiver cette graminée dans le seul but de refaire imparfaitement et dans des proportions infimes le travail de la nature.

VI.

Mais non, la mer n'est pas, comme on le croit, le réceptable d'une production sans bornes, où il n'y aurait qu'à puiser sans trève. La nature n'est là ni plus splendide ni plus infatigable qu'ailleurs, et cette munificence d'éléments générateurs dont les eaux de l'Océan nous semblent pleines, ne va pas jusqu'à défier l'indiscrétion humaine.

C'est une erreur de penser que la mer soit sans déserts; elle a les siens comme la terre, et ses produits, au lieu d'être répandus partout dans son immense sein, se trouvent, au contraire, éparpillés en des parquements fixes ou mobiles qui les placent à portée de la main usufruitière de ces ressources d'alimentation.

Ne cherchez pas la fertilité ichtyologique ailleurs que sur les côtes et sur les élévations du fond sous-marin. Elle est toute là et n'est que là. Les espèces sédentaires sont là et les espèces voyageuses y sont également. Ce n'est, en effet, que dans la zône des rivages et jusqu'à une profondeur limitée, que les secrets ressorts providentiels font converger toute la population des eaux.

Il est bien évident, dès lors, que cette combinaison de causes et d'effets se produisant dans des limites circonscrites, peut être quelque peu dérangée par notre fait. Le mettre en doute, c'est nier ce qui se voit sur une infinité de points, autrefois très poissonneux et qui ne le sont plus du tout aujourd'hui ; c'est nier, du même coup, que les industrieux envahissements de l'homme sur le sol, n'amènent pas des lacunes et des refoulements dans la production animale de la terre ; c'est, enfin, nier une réalité dont tous les navigateurs peuvent rendre témoignage, à savoir qu'il y a moins de poisson dans les eaux des rivages couverts d'une population dense que dans les eaux des côtes peu habitées.

Les côtes africaines et américaines de l'Atlantide sont, en effet, autrement poissonneuses que les côtes européennes de la même mer. De même, dans la Méditerranée, les eaux de ce côté-ci du détroit sont incomparablement moins peuplées que ne le sont celles des rivages opposés. Il n'est pas un marin qui ne sache ces choses-là, et, afin de procurer à M. le président de l'exposition d'Arcachon une occasion de s'édifier sur un point qui, nous le voyons avec regret, ne lui est pas très familier, nous prenons la liberté de lui signaler un écrit publié dans le bulletin du mois de septembre dernier de la Société impériale d'acclimatation et décrivant, de la façon la plus consciencieuse, les funestes effets qu'entraîne partout l'usage de procédés de pêche trop énergiques et trop actifs.

L'auteur de cet écrit, notre honorable ami le docte M. Sabin Berthelot, consul de France à Sainte-Croix-de-Ténériffe, est un intrépide et intelligent explorateur des mers, aussi véridique qu'infatigable et d'autant plus digne de confiance qu'en lui la pratique se joint à un profond savoir. Nous engageons M. Lacoin à méditer la pensée de M. Berthelot sur l'enquête anglaise. Voici ce qu'il en dit :

Quant à la prétendue augmentation des produits de la pêche côtière qu'on fait ressortir de l'enquête anglaise, et qui s'appuie, en grande partie, sur le témoignage des marchands de poisson de Londres, cette enquête n'a pour moi rien de bien sérieux. Les éléments qui ont servi de base à l'appréciation ont mis les membres de la commission dans une complète erreur, car on a fait entrer en ligne de compte tout le poisson qu'on va pêcher au large sur les bancs et toute la masse de celui que les anglais achètent à nos pêcheurs et qu'on vend ensuite, en Angleterre, dans les grands centres de consommation.

Il est donc réellement dangereux, pour les intérêts de la pêche en France, de s'inspirer de l'opinion des enquêteurs anglais. Nous en avions averti le public en insérant dans le journal le *Toulonnais* (12, 14, 17 et 19 avril 1866) notre étude critique de leur rapport.

Il est dangereux, indubitablement, de croire à une profusion de ressources qui n'existe pas et d'agir comme si elle n'était pas un rêve. C'est dangereux pour le présent, c'est plus dangereux encore pour l'avenir. Croyons-en l'avis désintéressé de M. Berthelot s'exprimant ainsi :

On peut comparer la pêche à la traîne en mer, par ses puissants moyens d'action, ses grands et rapides résultats, à ces fortes et ingénieuses machines manufacturières qui, en économisant les bras et en multipliant les produits qu'elles fournissent à meilleur marché, ont opéré une révolution dans la distribution et dans l'économie du travail ; mais avec cette différence que, en fait de pêche, les avantages d'un procédé trop expéditif et d'une production excessive, sont dangereux, car si la matière première vient à manquer par l'épuisement de la source qui la fournit, il est difficile, sinon impossible, de la remplacer. La nature a tout réglé d'avance dans ce champ qu'elle ensemence ; ses prévisions en assurent la fécondité; mais qu'on se garde de troubler l'ordre qu'elle a établi, car, si on l'arrête dans sa marche, elle cessera d'agir..... Cette opinion s'appuie sur des preuves mathématiques: l'immense filet des chalutiers et des tartaniers drague le fond sur deux lieues d'étendue environ, chaque fois qu'il fonctionne, et il peut être mis en pêche six fois en dix-huit heures. En supposant quatre mois de chômage dans le courant de l'année, quatre grands filets de traîne pêchant les huit mois restants, pourront parcourir 5,808 lieues dans toutes les directions, sur le fond de pêche où ils opèrent. Qu'on juge par là de l'énorme ravage occasionné par cet art dévastateur, dans la zône côtière où le poisson se nourrit et se propage.

Selon nous, cette seule page d'un travail peu étendu, mais émanant d'un homme dont la compétence ne saurait être mise en doute, renferme plus d'enseignements utiles qu'il ne pourrait en sortir du fastidieux et très volumineux recueil de témoignages contradictoires, pour la plupart intéressés et quelquefois absurdes ou inintelligents, de l'enquête britannique.

Néanmoins, il n'est pas inconcevable que sur une vaste étendue comme celle où pêchent en commun les anglais, les belges, les français, les hollandais, etc., et dont la fertilité est périodiquement revifiée par les incommensurables migrations partant de la mer la plus féconde de toutes, il n'est pas inconcevable, disons-nous, que l'on ne s'aperçoive point, dans ces parages privilégiés, de la diminution du poisson ; mais que l'on nie le dépeuplement de celles de nos eaux littorales qui ne sont point visitées, par ces courants migrateurs, invariablement renfermés dans des limites hydrographiques, cela se conçoit d'autant moins que la stérilité de ces eaux se révèle manifestement par l'extrême difficulté de saisir leur production. Que veut-on de plus convaincant?

Fort de cette preuve irrécusable et facile à vérifier, nous ne cessons, depuis bientôt douze ans, d'appeler l'attention sur l'infertilité toujours plus apparente de nos côtes de la Méditerranée. On nous répond que l'abondance y règne et on nous dit : vous pouvez la révoquer en doute, mais il suffit que nous y croyions pour qu'elle y soit et que vous en profitiez.

Merci alors; nous ne nous plaindrons plus. Toutefois, résumons pour conclure ensuite.

VII.

Quoique les eaux de la mer, selon ce qui se dit, recèlent partout une surabondance de produits alimentaires, on croit à la nécessité d'organiser, sur les rivages, un système auxiliaire de reproduction de ces produits. C'est véritablement peu logique ; cependant, on y tient, à ce qu'il paraît.

Des expériences ont été pratiquées durant dix ans ; elles ont été suivies avec intérêt par le département de la marine, qui les a aidées et protégées. Néanmoins, elles ont généralement échoué.

C'est, assure-t-on, la faute de l'inscription maritime, institution qui gêne la liberté industrielle et s'oppose au choix des ouvriers dont l'aquiculture a besoin ; c'est aussi la faute de la domanialité maritime, qui fait passer par des formalités trop lentes la concession des espaces de mer où doivent s'établir les cultures.

S'obstinant à ne pas voir les véritables difficultés, on excipe d'entraves et de difficultés imaginaires pour demander la suppression de l'inscription maritime, ainsi que l'aliénation ou l'amodiation de toutes les parties du rivage qui pourront être vendues ou affermées, sans préjudice pour la navigation ou la défense des côtes.

A l'analyse, cela paraît exorbitant et peu sérieux; mais, arrangé dans un cadre de spéciosités ou de prévisions plus séduisantes que probables, présentées avec art dans un style qui n'est pas sans charmes, cela semble tout naturel. On se prend à s'imaginer, avec l'auteur du rapport, que la réforme de la législation maritime est aussi prochaine qu'inévitable, et qu'une fois cette réforme obtenue, nous allons être les témoins satisfaits de l'affluence des hommes et des capitaux vers la pêche et l'aquiculture, désormais intimement liées l'une à l'autre ; que nous allons voir tripler la consommation de la France en poissons et en mollusques, les revenus de l'Etat s'accroître dans une proportion considérable, le recrutement de la flotte s'élargir indéfiniment, et, enfin, résoudre, de la manière la plus heureuse, une grande question se rattachant à tant d'autres que soulève le problème économique de la population et de l'alimentation des masses.

En un mot, le programme scintille de brillantes promesses, mais la situation dont on se plaint et que l'on veut changer du tout au tout, est inexactement dépeinte, car il n'est point exact d'attribuer au régime législatif de la marine, les causes de l'échec subi par l'aquiculture — de représenter l'inscription maritime comme étant une charge intolérable qui détourne les français de la navigation et s'oppose au développement de la pêche, — de soutenir que l'abondance la plus expansive règne dans toutes nos eaux littorales et que la France ne manque de poisson que parce que notre système maritime y entretient la disette de cette denrée, — de prétendre que le privilége des inscrits est un monopole se partageant, non plus entre 50 mille français, mais par ces 50 mille français avec tous les étrangers, et, enfin, d'avancer que c'est la flotte qui gagnera le plus à la chûte de l'inscription maritime.

Après tout, que le tableau falsifie la situation

ou la retrace avec ressemblance, est-on sûr que l'application du programme amènera les conséquences qu'on en attend? Est-on sûr, par exemple, que l'abolition de l'inscription maritime répandra le goût de la mer parmi les français ?

On le dit, mais on ne le croit pas, ou bien on n'a pas réfléchi que la chûte de cette institution privilégiée, sauvegarde de l'honneur de notre marine militaire et protectrice des hommes et des choses de la marine marchande, c'est l'avilissement des salaires et de l'état des gens de mer; c'est la transformation de notre marine nationale en une marine cosmopolite, où viendra se réfugier tout ce qu'il y a de mauvais éléments dans les marines étrangères; c'est l'invasion de nos rivages par une industrie se nommant l'aquiculture, mais dont l'objet unique sera de s'interposer entre les producteurs et les consommateurs, afin de se faire la plus large part des profits pécuniaires de l'exploitation des ressources comestibles qui nous viennent des eaux; c'est, enfin, la liberté pour les capitaux se livrant, désormais, sans frein et sans scrupule, sous prétexte de liberté industrielle, à l'asservissement dans la misère des hommes voués à la rude et périlleuse profession de pêcheur. Cela paraît outré; eh bien cela existe déjà. Entendez M. Berthelot vous le dire en ces termes :

Les barques qu'on emploie dans la Méditerranée pour la pêche à la traîne, de même que les bateaux chalutiers de la Manche, sont des embarcations d'un assez fort tonnage qui, avec leur immense filet, représentent un capital peu en rapport avec les faibles ressources de nos gens de mer.

L'armateur se charge des frais d'armement et pourvoit à toutes les dépenses qu'entraînent des opérations qui ne peuvent se faire qu'en appelant à son aide des équipages assez nombreux.

C'est par des avances successives qu'il les assujétit à son service, en monopolisant ses opérations et en retirant le premier bénéfice. Le produit de la pêche est réparti d'une manière plus ou moins équitable dans les différents ports d'armement ; la part qui revient à chaque matelot est toujours fort minime, et ordinairement les hommes engagés préfèrent une rémunération mensuelle au gain éventuel qu'ils pourraient retirer de leur participation au produit.

Et vous n'apercevez pas toutes ces fâcheuses conséquences, filles irrépudiables de vos théories ! Heureusement ce que vous ne voyez pas, d'autres le voient et le signalent. En vain, invoquez-vous l'intérêt général : il ne nous échappe point que le renversement que vous provoquez, au nom de cet intérêt, serait un immense sacrifice fait à la cause du plus petit nombre ; il ne nous échappe point que l'aliénation ou l'amodiation des rivages frapperait, à l'avantage de quelques spéculateurs, le domaine public d'une servitude gênante et préjudiciable à la généralité des riverains, en faisant régner les priviléges de la propriété privée, sur les grèves autrefois soumises à la domination des droits seigneuriaux ; il ne nous échappe point, enfin, que le métier de la mer deviendra en France, le dernier des métiers, par la raison toute simple, que chez une nation qui jouit de plus de bien-être général qu'aucune autre, on abandonne volontiers à des mercenaires étrangers tout labeur pénible insuffisamment rétribué.

Arrivons à nos conclusions en ce qui concerne la question que nous avons spécialement traitée.

VIII.

Si, partageant l'opinion quelque peu hasardée des anglais et des belges, nous croyons à l'iné-puisabilité des fonds maritimes, l'aquiculture n'a absolument aucun objet, aucun du moins qui soit justifiable par des raisons plausibles d'intérêt public.

Et, en effet, si cette croyance est fondée, si elle ne repose pas sur une supposition purement gratuite, à quoi bon l'art de cultiver les eaux, fertiles par elles-mêmes? Nous voyons bien l'utilité de la lumière artificielle en l'absence du soleil, mais nous sommes tous convaincus, présumons-nous, qu'il serait singulièrement puéril d'éclairer pendant que cet astre brille au firmament.

Que l'on y réfléchisse, il n'est pas moins vain de vouloir ajouter à la fécondité de l'immense domaine des eaux salées, qu'il le serait de vouloir accroître l'immense clarté du soleil, à l'aide de nos infiniment petits moyens factices.

Au contraire, si, pour rendre hommage à une vérité palpable, nous nous rangeons à l'avis des pêcheurs et nous affirmons ainsi qu'eux, la stérilité relative de la plus grande partie de nos côtes, alors l'aquiculture pourra bien n'avoir pas un objet plus positif que dans le premier cas, mais elle aura au moins un but avouable et saisissable, celui de porter remède, dans l'intérêt général, à un mal reconnu.

On nie l'existence du mal; nous sommes fondé à nier la nécessité du remède.

Et le mal existât-il, comme nous le prétendons et comme nous le soutenons envers et contre toutes les dénégations contraires, nous n'hésiterions point à redire : le remède est un empirique sans vertu, et, que l'on nous pardonne la trivialité de la comparaison, un pansement anodin étrangement appliqué à côté de la plaie.

Si vous nous répondez :

Mais l'expérience des siècles, mais les Romains, mais les Chinois?.....

Nous répliquerons :

Les Romains n'ont pas fait plus et ont, peut-être, fait moins que nous ne fesons nous-mêmes.

Leur ostréiculture, leur culture des lacs et des étangs, leurs piscines domestiques, tout cela, consacré à grands frais à la jouissance des riches de ce temps-là, ne profitait aucunement à l'alimentation des masses.

Il est vrai que nous trouvons, dans les écrits de Pline, de Columelle, de Térence, de Varon, de Caton et d'autres auteurs encore, des mentions quelquefois descriptives nous portant à croire que les Romains ont pratiqué l'aquiculture avec grand succès, mais il y a tout lieu de penser qu'en lisant tout ce qui s'imprime aujourd'hui, sur les résultats des modernes opérations aquicoles, nos descendants ne douteront point que nous n'ayons été au moins aussi habiles que les Romains.

Quant aux Chinois, ce qui nous parvient d'eux, en traversant les mers, pourrait bien n'être pas plus véridique que ce qui nous est venu des Romains, à travers les obscurités de l'histoire des temps anciens. Cependant, nous ne serions point étonné, vraiment, que, dans ces contrées de l'Asie, où tout se fait à rebours de ce qui se fait dans les autres parties du monde, l'aquiculture réussît par cela seul qu'elle échoue en Europe, surtout si les Chinois ont à leur disposition des espèces particulières de poissons de mer susceptibles d'être cultivées.

Mais, dira-t-on encore, et les nouvelles découvertes de la science?......

Elles sont précieuses, nous le reconnaissons; elles nous procurent le moyen certain de repeupler les eaux intérieures d'où le poisson a disparu; elles peuvent assurer le transport et, peut-être, l'acclimatation d'espèces utiles de poissons, dans les fleuves, dans les rivières et même dans des cours d'eau artificiels préparés et emménagés pour les recevoir; mais, quant aux poissons de mer, qui leur est complètement réfractaire, elles ne peuvent positivement rien. Dans tous les cas, ce serait se faire une bien faible idée des splendeurs de la création marine, que de songer à refaire ou à activer la fécondité des eaux océaniques par des opérations de laboratoire.

En somme, les nouvelles découvertes de la science peuvent exercer une action fertilisante dans les eaux douces, mais là seulement où les forces productives de la nature ont cessé de réagir contre la destruction.

Nous émettons donc, une fois de plus, l'avis que c'est poursuivre une chimère que de vouloir gérer la production de la mer comme nous gérons celle de la terre. Les causes qui s'y opposent nous les avions indiquées, dès 1856, dans un mémoire adressé au ministre de la marine ; elles sont maintenant constatées par l'insuccès de nombreuses expériences.

Deux ou trois des produits inertes des eaux salées ne se refusent pas, il est vrai, à une sorte de mise en culture ; mais les autres, — le poisson en général, — ne s'y prêtent point. C'est, nous ne saurions trop le répéter, parce que la mer est un champ de moisson qui s'ensemence de lui-même et n'exige aucune culture préalable.

Du reste, demandons-le encore, nos essais eussent-ils réussi, que seraient leurs infiniment petits résultats, comparés à cet infiniment grand, renouvelant incessamment ses magnificences, dans la mesure réglée par le Créateur ?

Tout ce que nous avons à faire là, c'est de laisser se produire les moissons et de procéder ensuite aux récoltes, non pas sur tous les points à la fois, ainsi qu'on en a la fâcheuse habitude, mais en les soumettant à des alternance préservatives d'une partie des éléments reproducteurs.

Lorsque nous agirons avec cette prévoyante

sagesse, lorsque nous laisserons à la nature les répits dont elle a besoin, toute généreuse qu'elle soit, alors la fécondité de la mer sera aussi splendide que nous pouvons raisonnablement le souhaiter.

S'il paraît difficile, sinon impraticable, de faire observer aux pêcheurs des alternances réglées, pour les coquillages, sur la période de développement de ces produits, et, pour le poisson, sur le besoin de laisser reposer annuellement une étendue limitée de côtes, il est, cependant, impérieusement nécessaire de prendre une mesure qui soit capable d'arrêter le dépeuplement de nos fonds de pêche. Sans doute, la meilleure que l'on pût adopter serait de proscrire l'usage des filets traînants, non pas d'une manière, générale, mais au moins dans nos eaux territoriales, c'est-à-dire partout où nos pêcheurs exercent leur industrie sans concurrence étrangère.

La multiplication des réservoirs et des parcs peut conduire quelques accaparateurs à une rapide fortune, mais elle ne fera jamais que nous puissions nous procurer à bon marché ni l'huître, ni le poisson. Elle entretiendra, au contraire, la disette de ces précieuses ressources, ainsi que cela arriva aux populations de la péninsule italique, au temps où le romain Sergius Orata, exploitant, pour son compte particulier, le fond et les fruits du domaine public, s'enrichissait par le commerce de ses parcs d'élevage, dans les eaux de Brinde et du lac Lucrin.

IX.

L'erreur s'est enfuie devant la vérité.

Avant que nous n'eussions terminé notre critique de sa lettre aux conseils généraux, M. le président de l'exposition d'Arcachon nous avait fait l'honneur de nous écrire pour s'excuser de n'y pas répondre, préférant laisser la parole aux divers organes de la presse des départements littoraux, qui avaient publié une paraphrase laudative de quelques passages de son rapport aux allures entraînantes.

Nous avons fait observer à M. Lacoin que la question était assez intéressante pour que la personne qui l'avait agitée et en avait ému le public, prît la peine de soutenir ses opinions sans se retrancher derrière des avis évidemment trop hâtifs, et nous ajoutions : « Si notre critique, au « moins aussi sérieuse que le document qui y a « donné lieu, était laissée sans réponse, il ressor- « tirait du silence de M. Lacoin, que l'erreur s'est « enfuie devant la vérité. »

M. Lacoin, qui n'a pas entendu, continue à se taire, comme si ses propositions extrêmement graves, n'avaient point été atteintes et désagrégées par l'examen attentif et compétent que nous en avons fait.

Ce n'est pas, il est vrai, la première fois — les lecteurs du *Toulonnais* le savent — qu'il nous arrive, à notre grand regret, de rencontrer devant nous un adversaire fuyant la discussion qu'il avait lui-même imprudemment engagée, sur l'objet de savoir ce que valent les théories des aquiculteurs, comme moyens d'alimentation des masses; mais nous ne pouvions nous attendre et nous ne nous attendions point, en effet, à voir l'auteur d'un rapport qui a causé quelque émotion, oublier si facilement qu'il devait aux journaux qui l'ont encouragé, qu'il devait à la France et qu'il se devait à lui-même, de justifier les éloges qui ont accueilli l'avènement retentissant de son épître révolutionnaire.

Au lieu de répondre à nos critiques, convenables dans l'expression, mais dont la logique, un peu brutale, a sapé et ruiné les assises de son travail, au lieu de réédifier son œuvre croulante et de la remettre en état de paraître dignement sous les yeux du Souverain, M. Lacoin, que rien n'obligeait à ouvrir des communications avec nous, a cru sortir de l'embarras où le jetaient nos consciencieuses appréciations de ses méthodes économiques, en nous adressant le billet suivant :

Monsieur, je viens de recevoir les cinq numéros du *Toulonnais* dans lesquels a paru votre article sur ma lettre aux conseils généraux. C'est sans doute à votre courtoisie que je dois cet envoi. Permettez-moi de vous en remercier en vous adressant l'extrait ci-joint de quelques-uns des journaux du littoral qui ont bien voulu s'occuper de la même question. Vous m'excuserez de leur laisser la parole.

Veuillez agréer, Monsieur, l'assurance de mes sentiments les plus distingués. P. Lacoin.

Puisqu'on ne voulait pas ou que l'on ne pouvait pas se défendre, il eût mieux valu, ce nous semble, passer outre que de recourir à une réponse par procuration. L'envoi assez singulier qui accompagnait le grâcieux billet, nous a rappelé une anecdote qui trouve ici une place naturelle.

Un jour, un passant, halluciné ou sous le coup d'une méprise, criait : au feu, dans la rue ; d'autres passants crient: au feu, comme lui. La clameur se propage; puis, lorsqu'on demande, à l'auteur de cette alarme, de dire où est l'incendie: — le feu doit être quelque part, répond-il, puisque toutes ces voix le proclament.

Que M. Lacoin nous permette de le lui faire remarquer, ce n'est pas en éludant la discussion qu'il fera apparaître la vérité sur les causes qui entretiennent « la disette des aliments les plus abondamment répandus dans la nature, » ni en s'appuyant d'avis trop peu médités, nullement explicites et que, de bonne foi, il y a plutôt lieu de récuser que d'invoquer, qu'il méritera l'auguste confiance dont il se prévaut, ni, enfin, en laissant subsister notre protestation raisonnée contre ses pensées de bouleversement, qu'il persuadera l'opinion publique de la nécessité d'une réforme radicale de notre régime maritime.

Sans doute, il y a du bon, dans le rapport de M. Lacoin, mais tout n'y est pas bon. Les illusions qu'il s'est faites l'emportent de beaucoup sur les réalités qu'il signale, dans cet écrit où perce seulement la préoccupation des intérêts commerciaux. Comment peut-il donc vouloir que son travail, effleurant ou dénaturant des questions capitales, passe sans examen de la publicité à laquelle il l'a volontairement livré, aux mains de l'Empereur qui l'a, dit-on, provoqué ?

Au fait, nous comprenons que vous redoutiez les résultats de la discussion, vous qui placez dans les pratiques d'un art qui n'existe pas la solution d'une grande question économique, celle de savoir tirer le plus grand profit possible des ressources alimentaires que nous offrent les mers. On ne réussit pas toujours, même avec du talent, à revêtir l'erreur des apparences de la réalité.

Nous n'éprouvons point l'appréhension qui vous retient, nous qui sommes convaincu qu'il suffit de ménager la nature pour recueillir le bienfait de ses largesses. Aussi, au lieu d'éluder la discussion, nous la désirons et nous l'appelons. Cela est naturel lorsqu'on est persuadé que, si le talent parvient quelquefois à parer l'erreur des couleurs de la vérité, il est néanmoins impuissant à imprimer à la vérité l'aspect de l'erreur.

En voici une, par exemple, — une vérité, — qu'il serait difficile de travestir pour la présenter comme erreur, car elle se révèle en chiffres.

Pour être un moment absolument favorable à l'idée fondamentale du rapport dont nous nous sommes occupé, peut-être, avec trop d'intérêt déjà, supposons que l'aquiculture, au lieu d'avoir généralement échoué, ait, au contraire, pleinement réussi. La France, peuplée de 37 millions d'habitants, possède 600 lieues de côtes. Le champ de travail est, par conséquent, aussi vaste que les consommateurs sont nombreux.

Douze cents établissements aquicoles, deux par lieue, échelonnés, d'un côté, de Nice à Port-Vendres, de l'autre, de Bayonne à Dunkerque, se livrent activement à la reproduction du poisson. Ne comptons pas ce que cela coûte, puisque ce sont les consommateurs qui en doivent le remboursement. Chaque ferme, ou plutôt chaque fabrique, en pleine prospérité, fournira annuellement, au marché, un millier de poissons. N'en déplaise à M. Lacoin, c'est assez, eu égard à la lenteur du développement de la plupart des espèces et du peu d'étendue des réservoirs. Eh bien, en exagérant tout, la puissance de l'industrie, le nombre de ses établissements et le chiffre de leur production, nous n'arrivons à obtenir, *par année*, que douze cent mille poissons, soit *trois poissons à peu près pour dix habitants*.

La pensée le saisit sans grand effort du cerveau, c'est en vue de l'extention d'une industrie dont il ne pourrait sortir que d'infimes résultats, même dans l'hypothèse d'un succès qu'une riche imagination peut bien prévoir, mais qui n'en est pas moins improbable, c'est en vue de si peu, pour l'intérêt général, et, disons le mot, en vue d'une perspective aussi fugitive que le mirage qui la produit, que l'on élève la prétention de se faire adjuger la propriété des rivages et d y remplacer le monopole dérivant d'une délégation sociale par un monopole attribué aux capitaux.

Mais, peut-être, entrevoyez-vous, dans les fertiles ressources de vos théories, la possibilité d'aller bien au-delà de la création de 1,200 établissements d'aquiculture. Nous ne demanderions pas mieux, pour notre part, que d'en voir former 37,000, autant qu'il y a de communes en France. Soit ; vous pourrez le faire; mais comptez, nous vous prions: 37,000 fabriques produisant chacune 1,000 poissons, par an, cela nous procurerait la ressource de 37,000,000 de ces animaux, juste *un par habitant et par année*.

En vérité, ce n'est pas la peine de discuter plus long-temps, et on a raison de n'y pas revenir. Reposons-nous donc dans la confiance que nous aurons rendu un grand service, en fesant justice du parasitisme de l'erreur s'acharnant à la destruction des plus précieux intérêts de la marine.

www.ingramcontent.com/pod-product-compliance
Lightning Source LLC
LaVergne TN
LVHW020044170826
845678LV00001B/427

* 9 7 8 2 3 2 9 6 8 8 3 6 7 *